Janosch Bülow

Eine Unterrichtsstunde mit Reflexion zum Thema "Lineare Gleichungssysteme" für die Klassenstufe 8

GRIN Verlag

Bibliografische Information der Deutschen Nationalbibliothek:

Die Deutsche Bibliothek verzeichnet diese Publikation in der Deutschen National-
bibliografie; detaillierte bibliografische Daten sind im Internet über http://dnb.d-
nb.de/ abrufbar.

Impressum:

Copyright © 2011 GRIN Verlag GmbH
Druck und Bindung: Books on Demand GmbH, Norderstedt Germany
ISBN: 978-3-656-13889-1

Dieses Buch bei GRIN:

http://www.grin.com/de/e-book/188526/eine-unterrichtsstunde-mit-reflexion-zum-
thema-lineare-gleichungssysteme

GRIN - Your knowledge has value

Der GRIN Verlag publiziert seit 1998 wissenschaftliche Arbeiten von Studenten, Hochschullehrern und anderen Akademikern als eBook und gedrucktes Buch. Die Verlagswebsite www.grin.com ist die ideale Plattform zur Veröffentlichung von Hausarbeiten, Abschlussarbeiten, wissenschaftlichen Aufsätzen, Dissertationen und Fachbüchern.

Besuchen Sie uns im Internet:

http://www.grin.com/

http://www.facebook.com/grincom

http://www.twitter.com/grin_com

Fachpraktikumsbericht

Fachpraktikum Mathematik am Gymnasium Klein Großen

Janosch Bülow

Modul: Fachpraktikum

Seminar: Fachpraktikum Mathematik

Semester: Wintersemester 2010/2011

Inhalt

1 Einleitung

Die Studienordnung des „Master Lehramt an Gymnasien" legt fest, dass in beiden Fächern des Studiums ein fünfwöchiges Fachpraktikum an der Schule absolviert werden muss. Dabei sah ich das vor mir Liegende als eine gute Gelegenheit, sich selbst auszuprobieren und bereits wichtige
5   Erfahrungen für das bald anstehende Referendariat zu sammeln. Bisher hatte ich, abgesehen von meiner eigenen Schulzeit, schon während des allgemeinen Schulpraktikums und des Fachprakti- kums Sport die Möglichkeit, einen Blick auf den Schulalltag zu werfen. Doch für diese Praktika hatte ich bereits im Studium ausreichend Erfahrungen gesammelt, um mich relativ sicher zu füh- len. Das Mathematikstudium jedoch beinhaltet andere Schwerpunkte, als z.B. mein Studium am
10 Sportinstitut. In keiner mathematischen Veranstaltung musste ich ein Referat halten, geschweige denn eine Stunde anleiten, wie es in Seminare der Sportwissenschaft oder den Erziehungswis- senschaften Gang und Gebe ist. Genau wegen dieser mangelnden Erfahrung bzgl. des Mathema- tik-Unterrichtens kam ich mir im Vorfeld des Praktikums weitaus weniger selbstsicher und sou- verän vor.
15 Das Praktikum wurde durch ein semesterbegleitendes Seminar vorbereitet. Darüber hinaus wur- de bereits im Dezember die Schule besichtigt, wobei gemeinsam Unterricht vorbereitet, durchge- führt und ausgewertet wurde. Wegen dieses Termins, reduzierte sich die Praktikumszeit auf vier Wochen, in denen wir jeweils ca. zwölf Stunden im Unterricht verbringen sollten. Eine weitere Vorgabe war, dass wir mindestens zweimal selbst unterrichten. Ich war zusammen mit Frau Mül-
20 ler für die Klasse 8f von Frau Meier eingeteilt. Außerdem Besuchte ich die 5a bei Frau Mayer, 7b sowie 7e bei Frau Meyer, eine 10. Klasse bei Frau Meier und die Grundkurse der Jahr- gangsstufe 11 bei Herrn Höver und Herrn Settver. Anschließend an den folgenden Stundenentwurf möchte ich zunächst den gehaltenen Unterricht reflektieren, um anschließend das gesamte Praktikum Revue passieren zu lassen und zu prüfen,
25 ob sich meine anfänglichen Erwartungen erfüllt haben und zu erörtern, was ich in diesem Prakti- kum für meinen zukünftigen Werdegang gelernt habe.

2 Unterrichtsentwurf

Thema „Algebraische Lösbarkeit linearer Gleichungssysteme"

2.1 Beschreibung der Lerngruppe

30 Die Klasse 8f setzt sich aus 17 Schülerinnen und 11 Schülern zusammen. Im Rahmen meines Praktikums habe ich vor meiner Stunde bereits zwei Wochen den Mathematikunterricht dieser Klasse hospitiert, welcher in dieser Klassenstufe dreistündig erteilt wird. Das generell angeneh-

2

me Arbeitsklima wird von kleinen, alterstypischen Schwierigkeiten getrübt. Die Mitarbeit der Schüler[1] ist nicht nur gemischt, sondern wechselt auch intrapersonell von Tag zu Tag. Während Klaus, Peter und Helga den Unterricht in hohem Maße tragen und voranbringen, gibt es eine Vielzahl von Schülern, die dem Unterrichtsgeschehen mehr oder weniger folgt und sich nur ge-

5 legentlich beteiligt. Besonders Miriam, Agatha, Christina, Annika und Herbert sind häufig abgelenkt und bei Fragen fällt auf, dass sie dem Unterricht nicht folgen. Eine Art Sonderstellung nimmt der neu in die Klasse gekommene Florian ein, da er sich zwar fachlich engagiert, aber häufig Probleme hat, sich zu konzentrieren und dadurch ungenau arbeitet.

Wegen dieses Leistungsgefälles kommt es häufig dazu, dass der Unterricht nur von den leis-

10 tungsstarken Schülern getragen wird und der Rest der Klasse sich „zurücklehnt". Darum muss im Unterricht explizit darauf geachtet werden, dass insbesondere die Gruppe der weniger-Leistungsstarken mit einbezogen wird und dass vor allem bei Miriam und Florian kontrolliert wird, ob sie die entsprechenden Arbeitsaufträge auch wirklich bearbeiten.

Die Klasse tendiert im Allgemeinen eher dazu, Mitschüler leise um Hilfe zu bitten als ihre

15 Schwierigkeiten im Plenum bzw. dem Lehrer gegenüber zu äußern. Trotz dieser Unsicherheit gibt es keinen Schüler, der Probleme hat, Aufgaben vor der Klasse zu lösen oder Ergebnisse zu präsentieren.

2.2 Einordnung der Stunde in den Unterrichtszusammenhang

Bei der Doppelstunde handelt es sich um die letzten beiden Stunden der Unterrichtseinheit „line-

20 are Gleichungssysteme", für die insgesamt 18 Unterrichtsstunden geplant waren. Zu Beginn der Einheit wurden die zwei Lösungsmöglichkeiten **Einsetzungsverfahren** und **Gleichsetzungsverfahren** für Lineare Gleichungssysteme behandelt. Hierbei lag der Schwerpunkt auf dem Umwandeln von Textaufgaben in Gleichungssysteme z.B. bei Altersrätseln. In der Stunde vor der geplanten Einheit wurde die geometrische Lösbarkeit von Gleichungssystemen thematisiert und

25 hier bereits zwischen den drei Fällen „keine Lösung", „genau eine Lösung" und „unendliche viele Lösungen" unterschieden. Da eine ausführliche Besprechung der gestellten Hausaufgabe aus Zeitgründen vernachlässigt wurde, die Schüler jedoch scheinbar noch Schwierigkeiten im Umgang mit Geradengleichung und Steigungsdreieck hatten, soll eine Wiederholung des entsprechenden Stoffs in der geplanten Stunde nachgeholt werden.

30 Als Hausaufgabe zur geplanten Stunde sollten die in der Stunde vorformulierten geometrischen Begründungen zu Hause „ins Reine" geschrieben werden. Außerdem sollten drei lineare Gleichungssysteme (LGS) zeichnerisch gelöst werden.[2]

---

[1] Der Begriff Schüler ist im Folgenden geschlechtsneutral zu verstehen.
[2] Vgl. Abb. 2 im Anhang

In der geplanten Doppelstunde sollen nun, aufbauend auf den Erkenntnissen der letzten Stunde, durch einen Transfer von geometrischem auf algebraisches Denken Begründungen für die rechnerische Lösbarkeit von Gleichungssystemen gefunden und formuliert werden.

2.3 Sachanalyse

5 Ein lineares Gleichungssystem ist die Zusammensetzung mehrerer gleichzeitig zu erfüllender linearer Gleichungen (Gleichungen ersten Grades) und lässt sich wie folgt darstellen:

$$a_{11} x_1 + a_{12} x_2 \cdots a_{1n} x_n = b_1$$
$$a_{21} x_1 + a_{22} x 2 \cdots a_{2n} x_n = b_2$$
$$\vdots$$
$$a_{m1} x_1 + a_{m2} x_2 \ldots a_{mn} x_n = b_m$$

Dabei sind die Koeffizienten a_{11}, a_{12}, ..., a_{mn} und b_1, ..., b_m (B) Elemente eines Körpers (meistens Elemente aus IR) und x_i ($i \in \{1,..,n\}$) Variablen.

Es wird unterschieden zwischen homogenen, inhomogenen und quadratischen Gleichungssystemen. Falls B=0 gilt, heißt das System homogen. Hier existiert immer die triviale Lösung x=0. Ein System heißt inhomogen, wenn B $\neq$ 0 und quadratisch, wenn m=n ist.

Ob ein System lösbar ist oder nicht, lässt sich über die Betrachtung der Koeffizientenmatrix A

15 und deren Rang entscheiden.[3] Der Rang (kurz rg) einer Matrix A $\in M(m$ x n, $IK)$ ist die Maximalzahl linear unabhängiger Spalten. Es gilt also rg A = Spaltenrang A. Zusätzlich gilt: Spaltenrang A = Zeilenrang A. Der Rang einer Matrix lässt sich als Dimension des Bildes von A: $IK_n \rightarrow IK_m$ interpretieren und ist deshalb auch definiert durch rg A := dim $Bild(A)$ für A $\in M(m$ x

20 n, $IK)$.[4] Der Rang einer Matrix wird bspw. über den Gauß-Algorithmus bestimmt, der eines der elementarsten und häufigsten Lösungsverfahren darstellt und auch Gauss'sches Eliminationsverfahren genannt wird. Hierbei wird durch Äquivalenzumformungen[5] eine obere Dreiecksmatrix bzw. die Zeilenstufenform hergestellt, mit der man die Lösungsmenge leicht berechnen kann. Zu den Umformungen gehört (U1) Vertauschen zweier Gleichungen des Systems, (U2) Multiplikation einer Gleichung mit einer reellen Zahl k≠0 und (U3) Addition einer Gleichung zu einer an-

25 deren Gleichung.[6]

Neben der oben genannten trivialen Lösung (nur bei homogenen Systemen) wird unterschieden zwischen einer eindeutigen Lösung, unendlich vielen Lösungen und einem unlösbaren Gleichungssystem. Bei einem unlösbaren Gleichungssystem gilt rg A $\neq$ rg A_e (erweiterte Koeffizientenmatrix), wodurch eine falsche Aussage (z.B. 0=1) entsteht. Sind die beiden Ränge

30 gleich, folgt im Umkehrschluss, dass das System lösbar ist. Weist eine Matrix A vollen Rang

---

[3] Vgl. Bermann 2004, S. 255-257
[4] Vgl. Jänich 2004, S. 61/117
[5] Äquivalenzumformungen verändern nicht die Lösungsmenge eines Systems.
[6] Vgl. Bermann 2004, S. 258-261 und Holz&Wille 1993a, S. 91/92

auf, existiert ein eindeutiges Ergebnis. Die Lösungsmenge enthält unendlich viele Elemente, wenn der Rang der Matrix nicht voll ist.[7]

In Klasse 8 werden überwiegend 2x2- und 3x3-Systeme betrachtet, in denen über Einsetzungs-Gleichsetzungs- und Additionsverfahren inhomogene lineare Gleichungssysteme gelöst werden.

5 Über diese Verfahren wird der Rang der Matrix bestimmt (der hier jedoch noch nicht so genannt wird), wodurch eine Aussage über die Lösung getroffen werden kann. Die Lösbarkeit der Systeme der linearen Algebra wird in dieser Klassenstufe hauptsächlich über Geraden definiert, d.h. falls ein 2x2-System eine Lösung besitzt, schneiden sich die Geraden, falls der Rang eins ist, sind sie identisch und falls eine falsche Aussage existiert, liegen die Geraden parallel. Diese Interpretation muss

10 im weiteren Verlauf jedoch aufgegeben bzw. neu thematisiert werden, sobald größere Systeme im Unterrichtsverlauf auftauchen.[8]

2.4 Didaktische Analyse

2.4.1 Relevanzanalyse

Lineare Gleichungssysteme sind Bestandteil vieler Gebiete der Mathematik. Beispielsweise sind

15 sie bei der Übertragung auf quadratische Funktionen[9], die später in Klasse 8 auftauchen, oder besonders in der linearen Algebra der höheren Klassen von Bedeutung. Außerdem werden Gleichungssysteme benötigt, um Lagebeziehungen von Geraden oder Ebenen anhand von Vektoren zu bestimmen. Die schriftlichen Rechnungen hierzu sind im Abitur relevant. Außerdem spielen LGS bei der Betrachtung mathematischer Prozesse und somit in der Matrizenrechnung, die eben-

20 falls in der Oberstufe thematisiert werden, eine wichtige Rolle.

Das Kerncurriculum nennt für das Ende der achten Klasse im inhaltsbezogenen Kompetenzbereich folgende Kompetenzen: Die Schülerinnen und Schüler:

- beschreiben Sachverhalte durch Terme und Gleichungen,
- nutzen Terme und Gleichungen zur Problemlösung,
25 - wenden algebraische, nummerische und grafische Verfahren oder geometrische Konstrukte zur Problemlösung an,
- formen Terme mit Rechengesetzen um,
- lösen lineare Gleichungen und Gleichungssysteme mit zwei Variablen algebraisch,
- untersuchen Fragen der Lösbarkeit von Gleichungen und Gleichungssystemen und formulieren
30 diesbezüglich Aussagen.[10]

Lineare Gleichungssysteme bieten vielfältige Darstellungsmöglichkeiten im Unterricht. Anwendungssituationen führen zu Gleichungssystemen, die durch einen Graphen, eine Tabelle oder symbolisch gelöst werden können. Über diese Darstellungsformen gelangt man in der 8. Klasse

---

[7] Vgl. Holz&Wille 1993b
[8] Vgl. Röttger 2004, S. 1
[9] Vgl. Niedersächsisches Kultusministerium 2006, S. 25-27
[10] Niedersächsisches Kultusministerium 2006, S. 15-28

und auch in den späteren Klassenstufen zu symbolischen Verfahren (Gleichungen), stückweise definierten Funktionen, Lagebeziehungen, Lösbarkeit und Matrizen. Zur Einführung der Thematik sind realitätsnahe Anwendungen und deren Modellierung sehr sinnvoll.[11]

Im prozessbezogenen Bereich sind im Kerncurriculum die Kompetenzen „Mathematisch argu-
5   mentieren" und „Kommunizieren" verankert. Hierunter fallen beim Erstgenannten das Nutzen mathematischen Wissens für Begründungen sowie das Finden von Begründungen durch Zurück-führung auf Bekanntes. In den Bereich des Kommunizieren fallen das verständliche Mitteilen von Überlegungen (durch Fachsprache), das Präsentieren von Lösungsansätzen und –wegen so-wie das Strukturieren, Interpretieren, Analysieren und Bewerten von Daten und Informationen
10 aus Texten.[12]

2.4.2 Didaktische Konstruktion

Die vorliegende Stunde konzentriert sich vor allem auf die inhaltsbezogene Kompetenz „Schüle-rinnen und Schüler untersuchen Fragen der Lösbarkeit von Gleichungen und Gleichungssyste-men und formulieren diesbezüglich Aussagen".[13] Den Schwerpunkt der Stunde bildet hierbei die
15 schülerzentrierte Erarbeitung von Begründungen über die Lösbarkeit von LGS. Da die geometri-sche Deutung bereits in der letzten Stunde thematisiert wurde, geht es in der geplanten Stunde lediglich um algebraische Begründungen. Die gezeichneten Geraden werden daher ausschließ-lich für Verständnistransfer und Kontrolle genutzt. Die Lernschrittabfolge orientiert sich am Prinzip „vom Speziellen zum Allgemeinen". Das bedeutet, dass von konkreten Beispielaufgaben
20 auf allgemeine Aussagen zur Lösbarkeit von LGS geschlossen werden soll.

Die geplante Stunde beginnt mit der Besprechung der zu Hause formulierten Regeln. Dies dient, neben der üblichen Kontrollfunktion, dazu, die Schüler dafür zu sensibilisieren, was es beim Formulieren mathematischer Regeln zu beachten gilt. Um den Transfer von einem geometri-schen auf ein algebraisches Verständnis möglichst simpel zu halten, wähle ich als Beispiele für
25 den algebraischen Weg bewusst die Aufgaben, die in der Hausaufgabe bereits zeichnerisch ge-löst wurden (diese sind Beispiele für je einen der drei Fälle). Damit dieser Transfer bei allen Schülern funktionieren kann, muss also zuvor gewährleistet sein, dass jeder Schüler die korrekte zeichnerische Lösung vorliegen hat. Deswegen wird auch zu diesem Hausaufgabenteil eine Ver-gleichs- und Besprechungsphase stattfinden. Wie schon in Kapitel 2.2 angesprochen, wird hier
30 genügend Zeit eingeplant, um den aus Klassenstufe 7 bekannten Stoff kurz aufzufrischen. Dazu werden die Lösungen präsentiert sowie die Arbeitsschritte (LGS umstellen zu Geradengleichung, Zeichnen des Steigungsdreiecks) erläutert. Als Vorbereitung für den Hauptteil der Stunde wer-den im nächsten Schritt die LGS aus der Hausaufgabe rechnerisch gelöst und präsentiert. Nun

---

[11] Vgl. Röttger 2004, S. 1-3
[12] Vgl. Niedersächsisches Kultusministerium 2006, S. 14, 23
[13] Niedersächsisches Kultusministerium 2006, S. 28

sollen die Schüler zunächst den drei unterschiedlichen Ergebnissen einen der drei Fälle „genau eine Lösung", „keine Lösung" und „unendliche viele Lösungen" zuordnen. Wenn dies gelungen ist, soll vom Beispiel auf die Allgemeinheit geschlossen und so für jeden der drei Fälle eine allgemeingültige Aussage formuliert werden. In einer selbst konstruierten Anwendungsaufgabe werden die Arbeitsschritte der letzten Wochen zusammengeführt wodurch die gesamte Unterrichtseinheit abgeschlossen wird.

Da der Hausaufgabenvergleich nicht nur zur Sicherung der letzten Stunde dient, sondern elementare Grundlage für den geplanten Unterricht ist, ist an dieser Stelle besonders darauf zu achten, dass alle Schüler die hier behandelten Grundlagen verstehen.[14]

In der Erarbeitungsphase, in der die LGS rechnerisch gelöst werden, ist der Zeitbedarf der Schüler wahrscheinlich sehr unterschiedlich. Grund hierfür ist neben der unterschiedlichen Rechengeschwindigkeit die Tatsache, dass wahrscheinlich nicht alle in der Hausaufgabe die Gleichungen bereits nach y aufgelöst haben und diese direkt gleichsetzen können. Deswegen sollen bereits die Lösungen angeschrieben werden, während noch gerechnet wird, um so Zeit zu sparen.

Die größten Schwierigkeiten sind beim Hauptteil der Stunde zu erwarten. Zwar hat die Klasse schon durch die vergangene Stunde und die Hausaufgabe sowie deren Besprechung eine gewisse Vorkenntnis und Übung in Bezug auf das Formulieren mathematischer Begründungen, doch muss für ein erfolgreiches Unterrichtsgespräch durch die vorherigen Lernschritte das gewünschte Verständnis erzeugt worden sein. Außerdem zeigten die Erfahrungen der letzten Stunde, dass viele Schüler Probleme hatten, ihre Sätze auf den Punkt zu bringen. Sollte dies im Verlauf des Unterrichtsgesprächs erneut der Fall sein, werde ich durch Hinweise den Schülern dabei helfen, sich auf eine Struktur zu einigen und durch gezielte Fragen die Nennung von Schlüsselwörtern[15], durch die eine mathematische Begründung an Präzision gewinnt, initiieren. Ein weiteres Problem besteht darin, dass es in der Klasse sehr von der Tagesform abhängig ist, ob die Schüler bereit sind, sich mündlich zu beteiligen.[16] Während der gesamten Erarbeitungsphase sollen jedoch alle wichtigen Argumente von der Schülerseite kommen. Ich als Lehrkraft übernehme lediglich die Funktion des Gesprächsleiters. Falls erhebliche Probleme bei der Abstraktion auftauchen, erfolgt wieder ein Schritt zurück, indem zunächst die Begründungen der Beispiele wiederholt werden.

Trotz der Behandlung aller notwendigen Arbeitsschritte erwarte ich Probleme bei der Bearbeitung der Anwendungsaufgabe, da viele Schüler zwar dem aktuellen Unterricht folgen, aber dennoch Schwierigkeiten bei den zuvor behandelten Themen haben.[17]

---

[14] Vgl. S. 3, Zeile 5-8 dieser Arbeit
[15] z.B. „Widerspruch", „wahre Aussage", „genau dann, wenn"
[16] Vgl. S. 3, Zeile 2-3 dieser Arbeit
[17] Als Reaktion auf diese Erwartung siehe Kapitel 2.5

2.4.3 Lernziele

Die Schüler sollen aus konkreten Beispielen allgemeingültige Regeln über die algebraische Lösbarkeit linearer Gleichungssysteme formulieren. Dabei sollen sie im Einzelnen:

- ein lineares Gleichungssystem durch Umformungen lösen,
- ihre Lösung vor der Klasse präsentieren und Umformungsschritte erläutern,
- Zusammenhänge zwischen geometrischer und algebraischer Lösung erkennen und nutzen,
- Vermutungen über die algebraische Lösbarkeit von LGS aufstellen,
- im Plenum auf Mitschüler eingehen und Formulierungen präzisieren,
- an einem Beispiel die algebraische Lösung zur Kontrolle der geometrischen Lösung nutzen.

2.5 Überlegungen zur Methode

Ziel der Stunde ist die im Plenum geführte Diskussion über die algebraische Lösbarkeit von LGS. Methodisch werden die Schüler seit der vergangenen Stunde Stück für Stück darauf vorbereitet, Lösbarkeitskriterien zu verstehen und ausdrücken zu können.

Zentrales Merkmal der Stunde ist die Schülerorientiertheit. Alle Ergebnisse werden von Schülern erarbeitet, präsentiert und vorgestellt. Ich als Lehrkraft übernehme lediglich in den Übergangsphasen die Rolle des Präsentierenden indem ich den nächsten Lernschritt ansage oder Gruppen einteile. Vor allem beim Unterrichtsgespräch ist es wichtig, dass ich mich als Lehrkraft zurückhalte und das Gespräch nur strukturiere und nur bei Bedarf lenkend eingreife.

Vor dem eigentlichen Stundenbeginn werde ich drei Koordinatensysteme an die Tafel zeichnen, welche die Schüler zur Präsentation nutzen. Dadurch wird einerseits Zeit gespart, andererseits lege ich die Größe der Zeichnungen fest.

Nach der Begrüßung der Klasse wird eine Tabelle ausgeteilt. Diese enthält neben den Ergebnissen der letzten Stunde jeweils eine Zeile für die geometrische und die algebraische Begründung. Während die zu Hause formulierten Begründungen von verschiedenen Schülern vorgelesen werden, kann der Rest der Klasse beim Mitschreiben direkt diese Tabelle nutzen.[18]

In einer Übergangsphase teile ich die Klasse für die Erarbeitungsphase I in drei Gruppen ein. Hierzu lege ich fest, dass alle Schüler, deren Vornamen mit den Buchstaben A-F beginnt, das erste LGS bearbeiten, alle von G-M das zweite und die restlichen N-Z das dritte LGS. Diese Einteilung wird an der Tafel festgehalten.

Der Hauptteil der Stunde findet als Unterrichtsgespräch statt. Dabei werden zunächst die drei Beispiele zugeordnet. Anschließend äußern die Schüler ihre Vermutungen zur allgemeinen Begründung der drei Fälle. Wenn alle wichtigen Aspekte genannt wurden, wird gemeinsam ein Begründungssatz formuliert, der von einem Schüler an die Tafel geschrieben wird.

---

[18] Vgl. Abb. 3 im Anhang

Abschließend soll das in der Unterrichtseinheit Erlernte in einer Textaufgabe angewendet werden. Diese Aufgabe wird per OHP projiziert[19] und zusätzlich vorgelesen, um möglichst viele Sinne und somit verschiedene Lerntypen anzusprechen. Da diese Aufgabe unter anderem als Selbstkontrolle zur Unterrichtseinheit dienen soll, lege ich Wert darauf, dass die Bearbeitung in Einzelarbeit stattfindet. Bei Schwierigkeiten können die Schüler von mir vorbereitete Tipp-Karten nutzen.[20]

2.6 Hausaufgabe

Als Hausaufgabe gebe ich im Lehrbuch[21] die Aufgabe 28 auf Seite 84 auf, an der algebraische Umformungen und die Anwendung der zuvor erarbeiteten Lösbarkeitskriterien geübt werden.

3 Reflexion der Stunde

Beim ersten Teil des Hausaufgabenvergleichs ließ ich die Schüler ihre selbstformulierten Begründungen vorlesen. Hierbei war es mir wichtig, möglichst viele verschiedene Versionen zu hören, um deutlich zu machen, dass man eine mathematische Aussage nicht nur auf eine Art und Weise ausdrücken kann. Außerdem legte ich hier großen Wert darauf, dass vor allem sonst schwächere Schüler ihre Version vorlasen, um ihnen dadurch eine recht simple Möglichkeit zu bieten, sich am Unterricht zu beteiligen. Außerdem fasste ich die Schülermeldungen kurz zusammen und gab den einzelnen Schülern Feedback in Form von Verbesserungsvorschlägen und Lob.

Beim zweiten Teil der Hausaufgabenbesprechung zeigte sich bei der Frage nach Freiwilligen zunächst das altbekannte Bild von wenigen erhobenen Fingern. Nach einem kurzen Blick auf die Hefte der Schüler bat ich auch zwei an die Tafel, die sich nicht gemeldet hatten. Für diese Präsentation hatte ich bereits während die Schüler ihre Namensschilder aufstellten drei Koordinatensysteme an die Tafel gezeichnet, in die die Schüler ihre Hausaufgaben einzeichnen sollten. Mit diesem Arbeitsschritt wollte ich Zeit sparen und zusätzlich die Struktur des Tafelbilds vorgeben und somit einheitlich gestalten. Allerdings hätte ich, um den gewollten Effekt der Strukturvorgabe zu erzielen, die Skalierung ebenfalls anzeichnen und dadurch vorgeben müssen. Die Schwierigkeiten der Kinder beim Zeichnen an der Tafel hielten sich zwar noch in Grenzen, aber vor allem diejenigen, die die Hausaufgabe nicht gemacht hatten und nun das Tafelbild in ihre Hefte übertragen sollten, hatten erhebliche Probleme beim Ablesen der Achsenabschnitte.

---

[19] Vgl. Abb. 4 im Anhang
[20] Vgl. Abb. 5 im Anhang
[21] Elemente der Mathematik Klasse 8

Nach dem Anzeichnen der Lösung, bat ich die jeweiligen Schüler eine kurze Erklärung abzugeben, um das in der letzten Stunde Versäumte, die Wiederholung von Geradengleichung und Steigungsdreieck, nachzuholen. Um die schon angedeuteten Schwierigkeiten der Schüler beim Übernehmen in die Hefte zu reduzieren, hätte ich an dieser Stelle darauf achten müssen, dass die

5   Zeichnungen mit den zugehörigen Geradengleichungen beschriftet werden. Dadurch hätten es die Schüler mit fehlender bzw. fehlerhafter Hausaufgabe einfacher gehabt, ihren Fehler beim Umformen der Gleichungen zu entdecken oder das korrekte Steigungsdreieck aus der Geradengleichung abzulesen. Wahrscheinlich waren die Schwierigkeiten beim Abzeichnen die Ursache für einen Zeitverlust von ca. fünf Minuten. Also wäre es auch aus Gründen der zeitlichen

10 Planung sinnvoll gewesen, die Skalierung vorzugeben und die Geradengleichung mit anschreiben zu lassen.

Trotz des durch mein Verschulden entstandenen größeren zeitlichen Aufwands, gab ich den Schülern ausreichend Zeit das Tafelbild zu übernehmen. Des Weiteren hätte ich die Zeit, in der die Schüler ihre Lösungen an die Tafel zeichnen, dazu nutzen können bei den restlichen Schülern

15 der Klasse die Hausaufgabe zu kontrollieren. Nachdem die ersten drei Schüler ihre Zeichnungen abgeschlossen hatten, fiel mir auf, dass die Lösung von Klaus falsch war und bat einen weiteren Schüler nach vorne, um die Zeichnung zu korrigieren. Obwohl sicher auch andere Schüler ähnliche Fehler gemacht hatten wie Klaus, ging ich zu keinem Zeitpunkt der Stunde auf die falsche Lösung von Klaus ein. Zumindest ein persönliches Nachfragen, ob er durch die korrekte Zeich-

20 nung seinen Fehler entdeckt habe, wäre sinnvoll gewesen.

In der folgenden Übergangsphase teilte ich alphabetisch drei Gruppen ein und forderte die Schüler dazu auf, die Gleichungssysteme aus der Hausaufgabe nun rechnerisch zu lösen. Trotz dieser im Grunde klaren Anweisung, fingen einige Schüler an, die Gleichungssysteme aus der Tabelle der letzten Stunde umzuformen. Dieses Missverständnis kann ich mir nur dadurch erklären, dass

25 die Tabelle ebenfalls zu einem Teil der Hausaufgabe gehörte. Nachdem ich den Fehler bei immer mehr Schülern bemerkte und zunächst einzeln korrigierte, erklärte ich erneut der gesamten Klasse, welche LGS gemeint waren. Um dieses Missverständnis zu vermeiden, hätte ich zusätzlich zu der Erklärung den Zettel, auf dem die Hausaufgabe notiert war, hochhalten können. Durch diese optische Hilfe hätten sicher alle Schüler den richtigen Aufgabenzettel bearbeitet.

30 In dieser Phase wollte ich eigentlich beim Rumgehen schnelle Schüler mit korrekter Lösung zum Vorrechnen an die Tafel bitten. Allerdings stieß ich auf meinem Weg mehr auf Fragen als auf richtige Ergebnisse. Daher verzögerte ich die Zwischensicherung, bis der Großteil die Aufgabe gelöst hatte. Durch dieses Vorgehen vergrößerte sich der Zeitverzug zwar auf neun Minuten, doch mir war an dieser Stelle wichtiger, dass möglichst viele Schüler eine Lösung präsentieren

35 konnten.

Nun begann der Hauptteil der Stunde, die Erarbeitungsphase II. Im Unterrichtsgespräch sollten die Schüler selbst erkennen und formulieren können, was uns die zuvor errechneten Ergebnisse über die Lösbarkeit von Gleichungssystemen sagen. Es gab nur wenige Meldungen. Da an einem Unterrichtsgespräch möglichst die gesamte Klasse mitwirken soll, gab ich zusätzlich drei Minu-

5   ten Zeit, sich mit dem Sitznachbarn auszutauschen, wodurch ich mir eine bessere Beteiligung erhoffte. Dabei war mir nicht klar, dass viele Schüler einfach nur die Aufgabenstellung nicht verstanden bzw. nicht zugehört hatten. Dieses Problem hätte ich vermeiden können, indem ich die Aufgabenstellung von Schülern, vorzugsweise denjenigen, die wahrscheinlich Probleme haben würden[22], wiederholen lassen hätte.

10 Außerdem machte ich zu Beginn dieser Phase einen Fehler, der das folgende Unterrichtsgespräch unnötig verkomplizierte. Aus Platzmangel an der Tafel – die Schüler hatten je ein Viertel der Tafelfläche für ihre Rechnung benutzt – wischte ich die zuvor angeschriebenen Rechenschritte und Lösungen der Schüler weg, um Platz für die letzte Zeile der Tabelle zu haben – die algebraische bzw. rechnerische Begründung. Im Unterrichtsgespräch mussten die Schüler natür-

15 lich immer wieder Bezug auf die Gleichungssysteme und deren Lösungen nehmen. Da diese nun nicht mehr an der Tafel sichtbar waren, entstanden immer wieder Schwierigkeiten auf Seiten der Schüler, die drei Aufgaben auseinander zu halten und der Klasse verständlich zu machen, auf welche Variablen welcher Gleichung sich ihre Aussage bezogen hat. Da es also sinnvoll wäre, die Gleichungen während des Unterrichtsgesprächs visuell nachvollziehen zu können, gleichzei-

20 tig jedoch eine Sicherung der in dieser Phase erarbeiteten allgemeingültigen Begründungen stattfinden muss, wäre eine präzisere Planung des Tafelbilds bzw. eine Sicherung durch andere Medien sinnvoll gewesen.

Während des gesamten Gesprächs war ich sehr bemüht, die Kritik der letzten Stunde umzusetzen und ließ sehr viele Antworten wiederholen, zusammenfassen und nahm häufig leistungsschwä-

25 chere Schüler dran, die sich nicht von selbst meldeten. Dadurch kam es natürlich oft zu Wiederholungen oder auch zu Antworten, die nicht sehr präzise, am Thema vorbei oder gar falsch waren. Obwohl ich bereits während des Unterrichtsgesprächs merkte, dass die Erarbeitung der Begründungen nicht flüssig verlief und ich immer wieder durch gezielte Fragestellungen weitere Meldungen und Präzisierungen zu initiieren versuchte, unternahm ich jedoch nicht den Versuch,

30 den zuvor entstandenen Zeitverlust wieder auszugleichen. Dies lässt sich durch den für meine Stunde zentralen Aspekt der Schülerzentrierung begründen.

Aus eigener Erfahrung kann ich sagen, dass es etwas völlig anderes ist, fertige vorgegebene Regeln auswendig zu lernen als selbst am Prozess der Regelformulierung beteiligt zu sein und zu merken, dass ein wichtiger Aspekt, den man selbst oder ein Mitschüler ergänzt hat, in die Be-

---

[22] Vgl. S. 3, Zeile 5-8 dieser Arbeit

gründung an der Tafel integriert wird. Durch die insgesamt etwas zähe aber erfolgreiche Erarbeitung vergrößerte sich der Zeitverlust auf zwölf Minuten. Zur Vermeidung des anstrengenden Prozederes könnte man den Schülern einzelne Satzteile oder auch nur einzelne Wörter vorgeben, die dann in einer Gruppenarbeit wie in einem Puzzle zu einem Begründungssatz zu-

5   sammengefügt werden. Hierbei ginge jedoch der schülerzentrierte Charakter, der mir wichtig war, zu einem großen Teil verloren. Außerdem bestünde die Gefahr, dass die Schüler sich beim Ordnen ausschließlich an grammatikalischen anstatt von mathematischen Aspekten orientieren.

Als abschließende Aufgabe präsentierte ich der Klasse nun meine selbstkonzipierte Textaufgabe, an der geometrisches und algebraisches Lösen noch einmal zusammengeführt werden sollten.

10 Bei der Übergangsphase achtete ich diesmal besonders darauf, dass alle Schüler die Aufgabe verstanden hatten. Dazu las ich die Aufgabe von der aufgelegten Folie laut und deutlich vor. Dadurch unterstützte ich den visuellen Input mit akustischen Informationen. Da keine Verständnisfragen zur Aufgabenstellung auftauchten, schien diese Übergangsphase besser geklappt zu haben als die der letzten Stunde. Da ich, wie in Kapitel 2.4.2 beschrieben, Schwierigkeiten bei

15 der Bearbeitung der Textaufgabe erwartete, bot ich Hilfestellung in Form von Tipp-Karten an. Hier unterschied ich zwischen Tipps zur Hilfe der zeichnerischen und Tipps bei Problemen mit der rechnerischen Bearbeitung. Die von mir vorbereiteten Karten wurden jedoch von niemandem genutzt. Im Nachhinein betrachtet wundert mich dies nicht wirklich. Wie schon in der Lerngruppenbeschreibung angedeutet, tendiert die Klasse eher dazu, den Sitznachbarn um Hilfe zu bitten,

20 als mich zu fragen oder die von mir angebotenen Hilfestellungen zu nutzen. Auch wenn dadurch der Unterricht und andere Mitschüler gestört werden, kommt es immer wieder vor, dass Privatgespräche über mathematische Inhalte geführt werden. Da mir diese Eigenart der Klasse oder auch generell der Altersstufe schon im Vorfeld aufgefallen war, hätte ich eher eine andere Möglichkeit der Hilfestellung anbieten sollen. Allerdings sollte diese Anwendungsphase unter ande-

25 rem auch als Selbstkontrolle dienen. Wenn ich hier jedoch Partner- oder Gruppenarbeit zugelassen hätte, hätten sich viele Schüler - da bin ich mir sicher – „zurückgelehnt" und den Rest der Gruppe arbeiten lassen bzw. sofort Hilfe beim Sitznachbarn geholt, ohne die Aufgabe je selbst versucht zu haben. Beim Beobachten des Arbeitsprozesses fiel jedoch auf, dass einige Schüler sich zwar untereinander halfen, die meisten jedoch selbstständig rechneten und dabei auch gut

30 vorankamen. In dieser Phase wurde meine Planung vom zuvor entstandenen Zeitproblem eingeholt, sodass kein Schüler es schaffte, den rechnerischen Weg abzuschließen.
Die Sicherungsphase der Textaufgabe beschränkte sich ebenfalls wegen des angestauten Zeitverlustes auf das Nötigste. Ich bat Peter[23], lediglich seine bereits auf eine Folie gezeichnete Lösung der Klasse vorzustellen. Auf die rechnerische Lösung wurde aus Zeitgründen nicht mehr

---

[23] Bei Peter konnte ich davon ausgehen, dass er die Aufgabe korrekt gelöst hat. Vgl. S. 3, Zeile 2-3 dieser Arbeit

eingegangen. Zusätzlich zur geplanten Hausaufgabe gab ich die Fertigstellung der Textaufgabe auf.

Abgesehen davon verlief die Stunde so, wie ich es mir vorgestellt hatte. Auch die Lehrerin Frau Meier war zufrieden mit Ablauf und Ergebnis der Einheit. Ihr gefiel besonders, dass ich viele
5 Schüler ansprach und mit in den Unterricht einbezog. Dazu gehörten das direkte Ansprechen unaufmerksamer Schüler und das Auffordern ohne Meldung. Auch die von mir ausgestrahlte Ruhe und das gelassen Zeitmanagement in der Erarbeitungsphase II empfand sie als positiv. Des Weiteren fiel ihr auf, dass inhaltlich das Meiste von den Schülern erarbeitet wurde und die Ergebnissicherung in den Heften durch meine vorgefertigte Tabelle sehr gut funktionierte. Ich
10 schaffte es, im geplanten Unterricht die Trennung der einzelnen Unterrichtsphasen besser umzusetzen als in der letzten Stunde. Durch deutlichere Aufträge, bei denen an einigen Stellen nun auch mehrere Sinne bedient wurden, und klare Ansagen, wann etwas abgeschrieben werden soll, erhielt der Unterricht diesmal einen besseren Fluss.

4 Fazit

15 Mein vierwöchiges Praktikum am Gymnasium Klein Großen ist für mich durchweg positiv verlaufen. Während meiner Zeit erhielt ich Einblick in die verschiedensten Lerngruppen, von der gerade frisch zusammengeführten 5. Klasse bis zum Grundkurs der 11. Jahrgangsstufe. Auch bezogen auf die Lehrkräfte bemühte ich mich, möglichst viele verschiedene Charaktere zu begleiten, um so möglichst vielfältige Eindrücke bzgl. Methoden und Gewohnheiten des Unterrichtens
20 zu erhalten.

Bereits am zweiten Tag lernte ich die Klasse 8f kennen, in der ich später unterrichten sollte. Diese begleitete ich den ganzen Tag und konnte dadurch gut beobachten, wie sich das Arbeitsklima unter verschiedenen Lehrkräften veränderte. Hierbei bekam ich eine große Spannbreite bzgl. Lärmpegel, Schülerengagement und Lehrerautorität geboten. Während bei einem Lehrer der Un-
25 terricht gegen ein konstantes Gemurmel stattfand, erzeugte eine andere Lehrerin durch klare Ansagen, passende Gestik und Mimik und abgesprochene Rituale absolute Ruhe in der Klasse. Bei den restlichen Hospitationen während der vier Wochen konnte ich außerdem feststellen, das Unterricht mit steigender Klassenstufe lockerer wurde, sodass teilweise auch Humor einen Platz im Unterrichtet fand. Eine sehr junge Lehrerin inspirierte mich besonders. Sie hatte scheinbar mit
30 ihrer Klasse klare Regeln für den Umgang miteinander und den Ablauf von Kommunikation im Unterricht eingeführt. Um diese Regel aktiv umzusetzen, brachte sie einen Tennisball mit, der als Sprechball beschriftet wurde. Nach Einführung dieses Sprechballs durfte nur die Person reden, die gerade den Ball in der Hand hatte. Wenn jemand etwas sagen wollte, hob er ganz nor-

mal die Hand. Die Person, die gerade den Ball hatte, durfte sich von den sich meldenden Personen eine aussuchen, der sie den Ball zuwarf. Durch diese Methode wurde zum Einen die Gesprächsstruktur klar gegliedert und durch das Fangen und Werfen zusätzlich die Hand-Augen-Koordination geschult. Außerdem lockerte der leuchtend gelbe Ball den Unterricht auf, machte

5 den Schülern Spaß und motivierte zusätzlich zur Mitarbeit.

Durch die bereits angesprochenen Unterschiede in der Klassenführung und die Auswirkungen auf den Unterricht wurde stärker denn je bewusst, wie wichtig eine gute Planung und feste Strukturen im Unterricht sind. In der Klasse 8f waren zu meinem Vorteil gute strukturelle Voraussetzungen gelegt worden. Da dies aus meiner bisherigen Erfahrungen durch Schulpraktika

10 nicht immer der Fall war und ich während meiner geplanten Stunden erneut feststellte, wie sehr solche Strukturen das Unterrichten vereinfachen, nahm ich mir an dieser Stelle vor, in späteren Lerngruppen viel dafür zu tun, selbst solche Strukturen zu erschaffen.

Da ich bis vor diesem Praktikum lediglich Unterrichtserfahrungen im Fach Sport sammeln konnte, war die Planung und Durchführung von Mathematikunterricht etwas Neues für mich. Bereits

15 während der Planung wünschte ich mir, in der Uni mehr Didaktik als Fachwissenschaft belegen zu können. Im Studium des Faches Sport wird neben den demonstrativen Fähigkeiten in jedem Praxiskurs auch sehr viel Wert auf die methodische Ausbildung der Studenten gelegt. Durch Referate und das Übernehmen von Einheiten ist man es schnell gewöhnt vor einer Gruppe zu reden und Dinge zu erklären. Außerdem durchläuft man in den Kursen oft selbst die Lernschritte, die

20 man später in einer Klasse anwenden kann. Dadurch bereitete es mir im Fach Sport deutlich weniger Probleme, Unterricht zu planen, sicher vor der Klasse zu stehen und vor allem Lernschwierigkeiten und Fehler zu erkennen und flexibel auf diese zu reagieren.

Wahrscheinlich gerade, weil ich im Fach Mathematik erfahrungstechnisch etwas aufzuholen hatte, habe ich sehr viel gelernt. Hierfür sind neben den persönlichen Erfahrungen vor der Klasse

25 auch maßgeblich die Lehrerinnen und Lehrer der Schule verantwortlich. Sie waren stets hilfsbereit und haben uns Praktikanten gut aufgenommen. Vor allem Frau Meier, deren Mathematikunterricht ich übernehmen durfte, hat mich sehr bei der Vorbereitung unterstützt. Außerdem nahm sie sich viel Zeit für Feedbackgespräche, die mir halfen Fehler zu erkennen und in der Zukunft zu vermeiden. Ich habe mich insgesamt im Kollegium und auch in den Klassen sehr wohl ge-

30 fühlt.

In den Klassen, in denen ich unterrichtet oder während der Hospitation unterstützt habe, wurde ich von den Schülern akzeptiert und habe mich insgesamt als Lehrkraft sicher gefühlt. Neben vielen positiven Erfahrungen wurde mir in den vier Wochen bewusst, auf welche Dinge ich im Lehrerberuf achten muss, wie man mit den Schülern umgeht oder welche Themen und exakte

35 Formulierungen schon vor jeder Stunde ausgearbeitet sein sollten.

Ich habe durch mein Praktikum begonnen, mir einen eigenen Weg zu suchen, der durch die größtenteils positive Resonanz der Lehrkräfte bestärkt wurde.

Trotz einiger Fehler, die mich teilweise verunsicherten, wurde mir schnell klar, dass solche Praktika dafür da sind, um zu lernen, Fehler zu machen und diese in Zukunft so gut wie möglich zu vermeiden. Obwohl mir durch die zeitaufwändige Vor- und Nachbereitung der Umfang bzw. der Aufwand, der mit dieser Tätigkeit des Lehrerberufs verbunden ist, besonders deutlich wurde, hat mich das Praktikum in meiner Berufswahl erneut gestärkt.

Anhang

Abbildung 1: Verlaufsplan

Zeit / Phase	Inhalt & Methode	Sf.	Medien / Material
Einstieg 9:50 – 9:53	Begrüßung, Namensschilder, Schreibe deinen Namen an die Tafel! 3 Systeme anzeichnen		
HA-vergleich 1 9:53 – 10:03	Blätter austeilen „Begründungen" pro Spalte vorlesen lassen „Vergesser" ergänzen Tabelle	SP	Arbeitsblätter
HA-vergleich 2 10:03 – 10:10	3 SuS zeichnen gleichzeitig eins der LGS an die Tafel und erklären anschließend Vorgehensweise (schwächere SuS wiederholen Erklärung) SuS ohne HA übernehmen/korrigieren	SP	Tafel
Übergangsphase 10:10 – 10:12	Auftrag: Löse ein LGS aus der HA rechnerisch Einteilung: Anfangsbuchstaben Vornamen: **A – F lösen LGS 1** **G – M lösen LGS 2** an Tafel schreiben **N – Z lösen LGS 3**	LV	Tafel
Erarbeitungsph. I 10:12 – 10:20	Bearbeitung der Aufgabe	EA	
Zwischensicherung 10:20 – 10:30	3 SuS schreiben gleichzeitig ihre Lösung an Tafel & erläutern danach (Anschreiben schon möglich während andere noch rechnen) Fragen?	SP	Tafel
Erarbeitungsph. II / Sicherungsphase 10:30 – 10:50	Was sagen uns die Ergebnisse über die Lösbarkeit von LGS? Ableitung rechnerischer Begründungen (mehrere Versionen hören) Schwache SuS schreiben „Regeln" an Tafel Ausfüllen der letzten Zeile der Tabelle	UG / EA	Tafel

Übergangspha-se 10:50 – 10:52	Folie auflegen und vorlesen! Löse erst zeichnerisch, dann rechnerisch: Sebastian geht wandern. Er geht mit einer Geschwindigkeit von 5 km/h. Sein Bruder Tim entschließt sich nach zwei Stunden, ihm zu folgen. Er geht 1,5-mal so schnell wie Sebastian. Nach welcher Zeit hat Tim seinen Bruder eingeholt? Wie viel km haben beide hinter sich, wenn sie sich treffen? (Tipp: benutze beim Zeichnen folgende Skalierung: X-Achse: 3 Kästchen=1h, Y-Achse: 4 Kästchen=10km) Für Hilfe gibt es Tipp-Karten	LV	Folie mit Aufgabe
Erarbeitungsph. III 10:52 – 11:12	Bearbeitung der Aufgabe	EA	Tipp-Karten
Sicherungspha-se 11:12 – 11:18	Zwei SuS präsentieren ihre Lösungen Einer zeichnerisch Einer rechnerisch	SP	2 Folien
HA 11:18 – 11:20	Buch S. 84, Nr. 28	LV	Tafel

Abbildung 2: Hausaufgabe zur geplanten Stunde

Hausaufgabe:

1) Überlege dir für die Fälle a), b) & c) jeweils eine <u>allgemeine</u> Begründung.

5

2) Löse folgende LGS zeichnerisch im Heft

$$\begin{vmatrix} 3y + 6 = 2x \\ -y + 8 = x \end{vmatrix} \qquad \begin{vmatrix} 2y - 4 = x \\ y - \tfrac{1}{2}x = -2 \end{vmatrix} \qquad \begin{vmatrix} 5y - x = 20 \\ y - 4 = \tfrac{1}{5}x \end{vmatrix}$$

10

Abbildung 3: Tabelle

Übersicht: Lösbarkeit von Linearen Gleichungssystemen

LGS	keine Lösung		eine Lösung		Unendlich viele Lösungen
	a) & c) $\quad$ d) & c)		a) & b) $\quad$ b) & d)		a) & d)
	$\begin{vmatrix} y = & 3x - 2 \\ y = & 3x + 1 \end{vmatrix}$		$\begin{vmatrix} y = & 3x - 2 \\ y = & -x + 4 \end{vmatrix}$		$\begin{vmatrix} y = & 3x - 2 \\ 2y + 4 = & 6x \end{vmatrix}$
Lösung	------------------------------------			$(1,5\mid2,5)$	$(1\mid1), (2\mid4), (3\mid7)$
geome-trische Begrün-dung					
rechne-rische Begrün-dung					

Abbildung 4: Folie mit Arbeitsauftrag

Arbeitsauftrag:

Löse erst zeichnerisch, dann rechnerisch.

Sebastian geht wandern. Er geht mit einer Geschwindigkeit von 5 km/h. Sein Bruder Tim entschließt sich nach zwei Stunden, ihm zu folgen. Er geht 1,5-mal so schnell wie Sebastian. Nach welcher Zeit hat Tim seinen Bruder eingeholt? Wie viele km haben beide hinter sich, wenn sie sich treffen?

Benutze beim Zeichnen folgende Skalierung:

X-Achse: 3 Kästchen=1h

Y-Achse: 4 Kästchen=10km

Bei Schwierigkeiten, nutze Tipp-Karten

Abbildung 5: Tipp-Karten

Tipp 1 zeichnerisch:	Tipp 2 zeichnerisch:
Zeichne zuerst die Gerade von Sebastian.	Die Gerade von Tim kannst du genauso einzeichnen. Beginne dazu bei x=2.

Tipp 1 rechnerisch:	Tipp 2 rechnerisch:
Den Y-Achsenabschnitt b erhältst du durch Umformen & Einsetzen in einen bekannten Punkt z.B. (x/y)=(2/0).	y=5x (Sebastian) y=7,5x + b I (2/0) einsetzen 0=7,5 * 2 + b I –b ….

Abbildung 6: Verlaufsplan Einzelstunde

Klasse: 8f   Stunde: Mo   21.02.2011   2. Stunde (Einzelstunde)

Thema: Lineare Gleichungssysteme

Lernziele: Zeichnen von Geraden soll aufgefrischt werden, LGS zeichnerisch Lösen, verschiedene Möglichkeiten der Lösbarkeit von LGS auseinanderhalten und beschreiben
können

Zeit / Phase	Inhalt & Methode	Sf.	Medien / Material
Einstieg 8:40 – 8:43	Begrüßung, Vorstellung, Namens-schilder, Schreibe deinen Namen an die Tafel!		
Hausaufgabenvergleich 8:43 – 8:50	4 SuS zeichnen jeweils eine der Ge-raden auf der Folie bunt ein und er-klären Vorgehensweise (Steigungs-dreieck)	SP	Vorbereitete Fo-lie, Folienstifte, Projektor
Übergangsphase 8:50 – 9:00	Auftrag: I) Stelle aus je zwei der Geradengleichungen ein LGS her und überlege an-hand der Zeichnung (nicht rechnen), ob das LGS a) keine Lösung, b) eine Lö-sung oder c) unendlich vie-le Lösungen besitzt. II) Falls das LGS lösbar ist, bestimme die Lösung bzw. gib beispielhaft zwei Lö-sungen an falls du es bei c) eingeordnet hast.	LV	Folie mit Ar-beitsauftrag Projektor
Erarbeitungsphase I 9:00 – 9:02	Murmelgespräch: Die SuS haben die Möglichkeit, sich mit ihrem Sitznach-barn über die Bearbeitung des Ar-beitsauftrages auszutauschen	PA	
Erarbeitungsphase II 9.02-9.12	Die Schülerüberlegungen aus dem Murmelgespräch werden an der Tafel gesammelt und besprochen. Die Schüler formulieren mündlich Be-gründungen für die drei Fälle. Die	UG	Tafel

	Lehrkraft achtet auf ein strukturiertes Tafelbild die „Begründungszeile" in der Tabelle mit anschreiben, aber nicht ausfüllen.		
Sicherungsphase 9:12- 9:18	Die Schüler übernehmen das Tafelbild in ihre Hefte.	EA	Tafelbild
Übung und Hausaufgabe 9:19 – 9:20	Begründungen werden ergänzt und 3 LGS sollen zeichnerisch gelöst werden	EA	Zettel
Didaktische Reserve	Buch, S. 84, A 27 SuS können schon mit HA beginnen		

Zugehöriges Tafelbild

	keine Lösung	eine Lösung	Unendlich viele Lösungen
LGS	a) & c) d) & c) $$\begin{vmatrix} y = & 3x - 2 \\ y = & 3x + 1 \end{vmatrix}$$	a) & b) $$\begin{vmatrix} y = & 3x - 2 \\ y = & -x + 4 \\ y = & 3x + 1 \\ y = & -x + 4 \end{vmatrix}$$	$$\begin{vmatrix} y = & 3x - 2 \\ 2y + 4 = & 6x \end{vmatrix}$$
Lösung	_____	$\left(^3/_2 \mid ^5/_2\right)$	$(1\mid1), (2\mid4), (3\mid7)$
Begründung	Die Geraden sind parallel zueinander. Es gibt keinen Punkt$(x\mid y)$, an dem sich die Geraden schneiden.	Die Geraden haben unterschiedliche Steigungen. Sie Schneiden sich in genau einem Punkt $(x\mid y)$.	Die Geraden liegen aufeinander. Zu jedem beliebigen X-Wert gibt es einen passenden Y-Wert, sodass der Punkt $(x\mid y)$ auf beiden Geraden liegt.

Die Zeile „Begründung" wird an der Tafel nicht ausgefüllt. Die Formulierungen dienen lediglich mir als Kontrolle der mündlichen Äußerungen.

5

Abbildung 7: Kommentierter Sitzplan

Zensiert

5

Literaturverzeichnis

Bermann, Martin (Redaktionelle Leitung): DUDEN, Schülerduden Mathematik II. Ein Lexikon zur Schulmathematik für das 11. Bis 13. Schuljahr. Brockhaus, Mannheim 2004

Holz, Michael; Wille, Detlef: Repetitorium der linearen Algebra. Teil 1. 1. Auflage. Binomi Verlag,
5   Springe 1993.

Holz, Michael; Wille, Detlef: Repetitorium der linearen Algebra. Teil 2. 1. Auflage. Binomi Verlag, Springe 1993.

Jänich, Klaus. Lineare Algebra. 10. Auflage. Springer Verlag, Berlin/Heidelberg/New York 2004

Niedersächsisches Kultusministerium (Hrsg.) (2006): *Kerncurriculum für das Gymnasium, Schuljahr-*
10   *gänge 5 – 10, Mathematik.* (http://db2.nibis.de/1db/ cuvo/datei/kc_gym_mathe_nib.pdf – 01.04.2011)

Röttger, Alheide (2004): Unterrichtsmaterialien zum Einsatz eines GTR im Mathematikunterricht des Sekundarbereichs I / Lineare Gleichungssysteme und Matrizen: HEFT 3. Westfälische Wilhelms-Universität Münster

15